Agujeros negros

Agujeros negros:

Las conferencias Reith de la BBC

Stephen Hawking

Traducción castellana de
Javier Sampedro

CRÍTICA

BARCELONA

Primera edición: marzo de 2017
Primera edición en esta nueva presentación: abril de 2026

Agujeros negros
Stephen Hawking

Título original: *Black holes. The BBC Reith Lectures*

Text © BBC/ Stephen Hawking, 2016. Publicado por primera vez como *Black Holes: The Reith Lectures* por Transworld Publishers, una división de The Random House Group Ltd.

«¿Do Black Holes Have No Hair?» emitido originalmente en BBC Radio 4 el 26 de enero de 2016 y «Black Holes Ain't As Black As They Are Painted» emitido originalmente por BBC Radio 4 el 2 de febrero de 2016.

El logo de BBC es una marca registrada de British Broadcasting Corporation y se utiliza con su licencia.

Las ilustraciones han sido obra de Cognitive (wearecognitive.com) para BBC Radio 4

© de la traducción, Javier Sampedro, 2017

© Editorial Planeta S. A., 2026
Av. Diagonal, 662-664, 08034 Barcelona (España)
Crítica es un sello editorial de Editorial Planeta, S. A.

editorial@ed-critica.es
www.ed-critica.es

SBN: 978-84-9199-875-4
Depósito legal: B. 24.830-2026
Printed in Spain - Impreso en España

Índice

Introducción

Por David Shukman

Todo lo que rodea a Stephen Hawking inspira fascinación: la angustia de un genio atrapado en un cuerpo enfermo; la insinuación de una sonrisa que ilumina un rostro en el que solo puede moverse un músculo; la inconfundible voz robótica que nos invita a compartir la emoción del descubrimiento mientras su mente vaga por los rincones más extraños del universo.

Contra todo pronóstico, esta figura extraordinaria ha rebasado las fronteras habituales de la ciencia. Su libro *Historia del tiempo* vendió nada menos que diez millones de ejemplares. Sus apariciones como estrella invitada en series cómicas, las invitaciones a la Casa Blanca y una película de éxito sobre su vida le han confirmado como una celebridad. Ha conseguido convertirse en el científico más famoso del mundo, nada menos.

En los años sesenta le dieron dos años de vida al diagnosticarle una enfermedad de las neuronas motoras. Pero más de medio siglo después sigue investigando, escribiendo, viajando y apareciendo con regularidad en los medios de comunicación. Para explicar este dinamismo extraordinario, su hija Lucy le describe como «un enorme testarudo».

Sea por el dolor de su historia personal o por su capacidad para el entusiasmo, Hawking atrapa la imaginación. Hace poco advirtió de que la humanidad se enfrenta a una serie de desastres de creación propia —desde el calentamiento global hasta los virus modificados de modo artificial— y el artículo que informaba de sus palabras fue el más leído de ese día en la web de la BBC.

Es una tremenda ironía que un comunicador de esa talla no pueda mantener una conversación normal. Para hacerle una entrevista, hay que mandarle las preguntas con antelación. Hace unos años, su equipo me aconsejó que no intentara charlar con él, por el tiempo que le lleva componer las respuestas incluso a las preguntas más breves. Con la emoción que me produjo conocerle, sin embargo, no pude evitar que se me escapara un «¿Qué tal estás?», y luego tuve que esperar la respuesta con sentimiento de culpabilidad. Él estaba bien.

Agujeros negros: las conferencias Reith de la BBC

En su despacho de Cambridge hay un tablón cubierto de ecuaciones. La moneda de cambio de la cosmología son unas matemáticas de la clase más exclusiva. Pero la contribución más excepcional de Stephen Hawking a la investigación científica se basa en aprovechar los enfoques de unas especialidades de apariencias muy diferentes: en la ocasión más célebre, fue el primero en investigar los vastos dominios del espacio utilizando unas técnicas científicas desarrolladas para estudiar las minúsculas partículas del interior del átomo.

Sus colegas de este campo terriblemente complejo pueden temer que su trabajo jamás pueda ser inteligible para el público. Pero el esfuerzo por alcanzar una audiencia amplia es uno de los distintivos de Hawking. En las conferencias Reith de la BBC de este año, ha afrontado el desafío de resumir una vida de descubrimientos sobre los agujeros negros en dos charlas de 15 minutos. Y, para aquellos lectores que se sienten curiosos pero perplejos, o cautivados por la ciencia pero nerviosos, he añadido unas notas en los puntos clave para intentar echarles una mano.

1.
¿Son calvos los agujeros negros?

Conferencia emitida
el 26 de enero de 2016

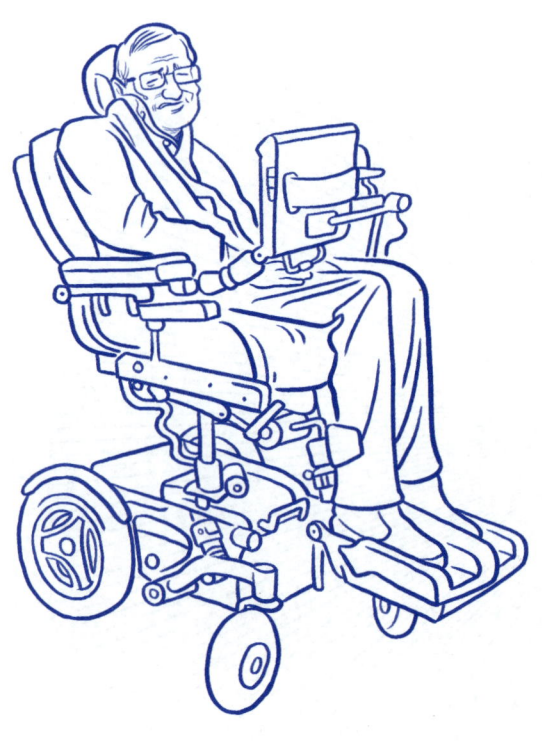

Se dice que los hechos son a veces más extraños que la ficción, y esto nunca es más cierto que en el caso de los agujeros negros. Los agujeros negros son más extraños que cualquier cosa que hayan imaginado los escritores de ciencia ficción, pero están establecidos firmemente como hechos científicos. La comunidad científica fue lenta en percibir que las estrellas masivas podían colapsarse sobre sí mismas, bajo su propia gravedad, y en sopesar cómo se comportarían los objetos que dejaban atrás. Albert Einstein llegó a escribir un artículo técnico en 1939 que sostenía que las estrellas no podían colapsarse bajo la gravedad, porque la materia no podía comprimirse más allá de cierto punto. Muchos científicos compartieron esa impresión visceral de Einstein. La principal excepción fue el científico estadounidense John Wheeler, que en muchos sentidos es el héroe del asunto de los agujeros negros. En sus investigaciones de los años cincuenta y sesenta, hizo hincapié en que muchas estrellas acabarían colapsándose, y señaló los problemas que planteaba esa posibilidad para la física teórica. También predijo muchas propiedades de los objetos en que se convertirían las estrellas colapsadas, esto es, de los agujeros negros.

DS: La expresión «agujero negro» es bastante simple, pero es difícil imaginar uno ahí fuera en el espacio. Piensa en una alcantarilla gigante en la que el agua cae en movimiento espiral. Cuando algo se desliza por el borde de la alcantarilla —el llamado «horizonte de sucesos»— no tiene forma de regresar. Como los agujeros negros son tan poderosos, incluso la luz resulta tragada, de modo que no podemos verlos, en realidad. Pero los científicos saben que existen porque desgarran a las estrellas que se acercan demasiado a ellos, y porque pueden enviar temblores por el espacio. Fue una colisión entre dos agujeros negros, hace más de mil millones de años, lo que disparó las llamadas «ondas gravitatorias», cuya reciente detección ha sido un logro científico de enorme importancia.

¿Son calvos los agujeros negros?

Durante la mayor parte de la vida de una estrella normal, a lo largo de muchos miles de millones de años, la estrella soporta su propia gravedad gracias a la presión térmica, causada por los procesos nucleares que convierten el hidrógeno en helio.

DS: La NASA describe las estrellas como una especie de ollas a presión. La fuerza explosiva de la fusión nuclear dentro de ellas crea la presión hacia fuera, que es contenida por la gravedad que tira de todo hacia dentro.

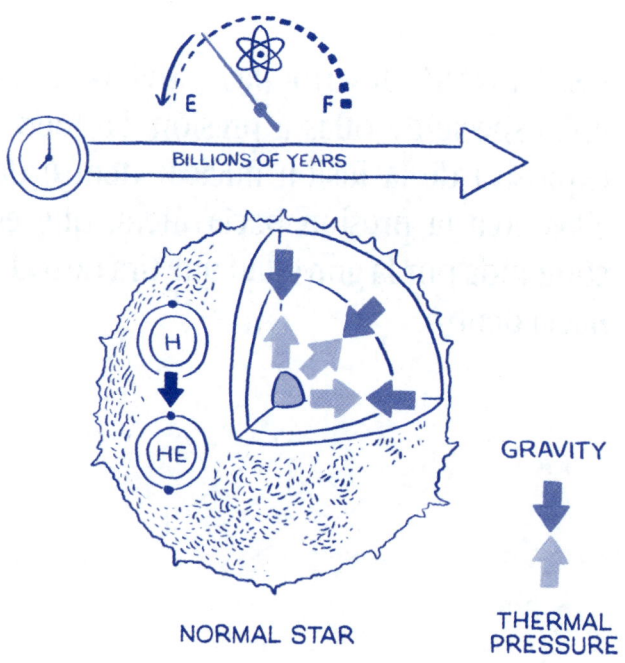

E   F

BILLIONS OF YEARS

H

HE

GRAVITY

THERMAL
PRESSURE

NORMAL STAR

Al final, sin embargo, la estrella agotará su combustible nuclear. Ahora se contraerá. En algunos casos, puede ser capaz de mantenerse como una estrella «enana blanca». Sin embargo, Subrahmanyan Chandrasekhar mostró en 1930 que la masa máxima de una estrella enana blanca es de unas 1,4 veces la del Sol. El físico soviético Lev Landau calculó una masa máxima similar para una estrella hecha enteramente de neutrones.

DS: Las enanas blancas y las estrellas de neutrones son antiguos soles que ya han quemado todo su combustible. Al carecer de una fuerza que trabaje para inflarlas, nada puede evitar que su tirón gravitatorio las encoja, y se han convertido en unos de los objetos más densos del universo. Pero en la clasificación de las estrellas, estas son relativamente pequeñas, y ello implica que carecen de la fuerza gravitatoria suficiente para colapsarse por completo. Por eso lo que más interesa a Stephen Hawking y otros es lo que les pasa a las mayores estrellas cuando alcanzan el final de su vida.

Entonces, ¿cuál sería el destino de las innumerables estrellas con una masa mayor que una enana blanca o una estrella de neutrones cuando han agotado su combustible nuclear? El problema fue investigado por Robert Oppenheimer, que se hizo famoso más tarde por la bomba atómica. En un par de artículos de 1939, con George Volkoff y Hartland Snyder, mostró que una estrella así no podría mantenerse por presión hacia fuera; y que, si sacas la presión del cálculo, una estrella uniforme con simetría esférica se contraería hasta un solo punto de densidad infinita. Ese punto se llama singularidad.

DS: Una singularidad es lo que obtienes cuando una estrella gigante se comprime hasta un punto inimaginablemente pequeño. Este concepto ha sido un tema decisivo de la carrera de Stephen Hawking. No solo se refiere al final de una estrella, sino también a una idea mucho más fundamental sobre el punto de partida para la formación del universo entero. Fue el trabajo matemático sobre esto lo que procuró a Hawking reconocimiento mundial.

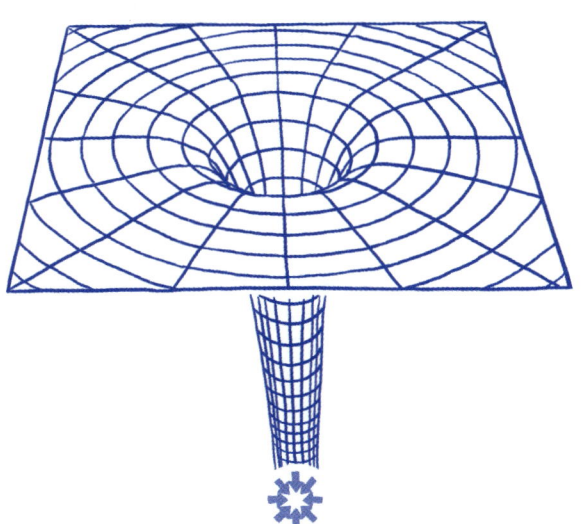

Todas nuestras teorías sobre el espacio se formulan bajo la suposición de que el espacio-tiempo es liso y casi plano, de modo que todas se deshacen en la singularidad, donde la curvatura del espacio-tiempo es infinita. De hecho, la singularidad marca el final del propio tiempo. Esto es lo que Einstein encontraba tan inaceptable.

DS: La teoría de la relatividad general de Einstein dice que los objetos distorsionan el espacio-tiempo que les rodea. Imagina una bola de petanca sobre una cama elástica, que cambia la forma del material y hace que los objetos más pequeños se deslicen hacia ella. Así es como se explica el efecto de la gravedad. Pero, si las curvas del espacio-tiempo se hacen más y más profundas, y en último término infinitas, las reglas habituales del espacio y el tiempo dejan de aplicarse.

Entonces llegó la segunda guerra mundial. La mayoría de los científicos, incluido Robert Oppenheimer, volvieron su atención a la física nuclear, y el asunto del colapso gravitatorio quedó más bien olvidado. El interés en el tema se reavivó con el descubrimiento de unos objetos distantes llamados cuásares.

DS: Los cuásares son los objetos más brillantes del universo, y tal vez los más lejanos que se han detectado hasta ahora. Su nombre es una abreviatura de «fuentes de radio cuasi-estelares», y se cree que son discos de materia que giran alrededor de agujeros negros.

El primer cuásar, 3C273, se descubrió en 1963. Pronto se descubrieron muchos otros cuásares. Eran brillantes pese a estar muy lejanos. Los procesos nucleares no podían explicar su producción de energía, porque solo liberan una minúscula fracción de su masa en reposo como energía pura. La única alternativa era la energía gravitatoria, liberada por colapso gravitatorio. Así que el colapso gravitatorio de las estrellas había sido redescubierto.

Para entonces ya estaba claro que una estrella esférica uniforme se contraería hasta un punto de densidad infinita, una singularidad. Las ecuaciones de Einstein no funcionan en una singularidad. Esto implica que, en ese punto de densidad infinita, no se puede predecir el futuro, lo que significa a su vez que algo extraño puede ocurrir cada vez que se colapsa una estrella. No nos afectaría que fallara la predicción si las singularidades estuvieran desnudas, es decir, si no estuvieran blindadas del exterior.

DS: Una singularidad «desnuda» es una situación teórica en la que una estrella se colapsa, pero no se forma un horizonte de sucesos a su alrededor, de modo que la singularidad sería visible.

Cuando John Wheeler introdujo el término «agujero negro» en 1967, sustituyó a la denominación anterior, que era «estrella congelada». El término acuñado por Wheeler subrayaba que los restos de las estrellas colapsadas tienen interés por sí mismos, con independencia de cómo se formaron. El nuevo nombre cuajó enseguida. Sugería algo oscuro y misterioso. Pero los franceses, al ser franceses, vieron ahí un significado más subido de tono. Se resistieron durante años al término *trou noir*, aduciendo que era obsceno. Pero aquello fue algo así como tratar de resistirse a decir *le weekend*, o cualquier otra invención del *franglish*. Al final tuvieron que rendirse. ¿Quién puede oponerse a un nombre tan ganador?

Desde fuera, no puedes decir qué hay dentro de un agujero negro. Puedes tirar televisores, anillos de diamantes e incluso a tus peores enemigos a un agujero negro, y todo lo que el agujero negro recordará es la masa total, el estado de rotación y la carga eléctrica. John Wheeler es conocido por expresar este principio como «un agujero negro no tiene pelo». Para los franceses, esto no hizo más que confirmar sus sospechas.

Un agujero negro tiene una frontera, llamada el horizonte de sucesos. Ahí es donde la gravedad tiene la fuerza justa para arrastrar a la luz de vuelta e impedir que se escape. Como nada puede viajar más deprisa que la luz, cualquier otra cosa será también arrastrada hacia dentro. Atravesar el horizonte de sucesos es algo así como llegar en una canoa a las cataratas del Niágara. Mientras estés río arriba de la catarata, puedes salvarte si remas lo bastante deprisa, pero en cuanto llegas al borde estás perdido. No hay forma de volver. A medida que te acercas a las cataratas, la corriente se hace más rápida. Esto implica que tira más de la parte delantera de la canoa que de su parte trasera. Existe el riesgo de que la canoa se parta en dos. Lo mismo ocurre con los agujeros negros. Si caes hacia un agujero negro con los pies por delante, la gravedad tirará más de tus pies que de tu cabeza, porque los pies están más cerca del agujero negro. El resultado es que te estirarás en el sentido longitudinal, y te comprimirás en el trasversal. Si el agujero negro tiene una masa de unas pocas veces la de nuestro Sol, te desgarrarás y te convertirás en un espagueti antes de que alcances el horizonte. Sin embargo, si caes hacia un agujero negro mucho mayor, con una masa de un millón de veces la del Sol, podrás alcanzar el horizonte sin problemas. Así que, si quieres explorar el interior de un agujero negro, cerciórate de elegir uno bien grande. Hay un agujero negro con una masa de unos cuatro millones de veces la del Sol en el centro de nuestra galaxia, la Vía Láctea.

DS: Los científicos creen que hay agujeros negros enormes en el centro de casi todas las galaxias; un pensamiento extraordinario, dado lo poco que hace que estos objetos se confirmaron por primera vez.

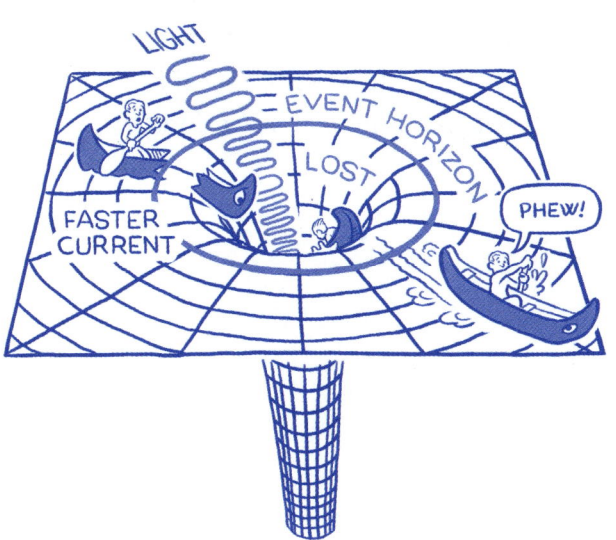

Aunque tú no notarías nada extraño mientras cayeras en un agujero negro, alguien que te estuviera mirando desde lejos no te vería cruzar nunca el horizonte de sucesos. Más bien vería que te ralentizas y que luego te quedas rondando justo fuera de él. Tu imagen se haría cada vez más tenue, y cada vez más roja, hasta que realmente se acabara perdiendo de vista. Por lo que respecta al mundo exterior, te habrías perdido para siempre.

DS: Como la luz no escapa del agujero negro, no hay forma de que alguien que mire desde lejos pueda realmente atestiguar tu descenso. En el espacio, nadie te puede oír gritar; y, en un agujero negro, nadie puede verte desaparecer.

Un descubrimiento matemático de 1970 nos trajo un avance drástico de nuestro entendimiento de estos fenómenos misteriosos. Se trata de que la superficie del horizonte de sucesos, la zona fronteriza alrededor de un agujero negro, tiene la propiedad de que se incrementa siempre que cae materia o radiación adicional en el agujero negro. Esta propiedad indica que hay una similitud entre el área del horizonte de sucesos de un agujero negro y la física newtoniana convencional, en concreto el concepto termodinámico de entropía. La entropía se puede considerar una medida del desorden de un sistema o, de forma equivalente, como una falta de conocimiento sobre su estado preciso. La célebre segunda ley de la termodinámica dice que la entropía siempre se incrementa con el tiempo. El descubrimiento de 1970 fue la primera pista sobre esta conexión fundamental.

DS: La entropía significa la tendencia que tiene cualquier cosa ordenada a hacerse más desordenada con el paso del tiempo. Así, por ejemplo, unos ladrillos apilados con esmero para formar una pared (baja entropía) acabarán tarde o temprano convertidos en un descuidado montón de polvo (alta entropía). Y este proceso se describe por la segunda ley de la termodinámica.

Aunque la existencia de una conexión entre la entropía y el área del horizonte de sucesos quedó clara, no nos resultaba evidente cómo el área se podía identificar con la entropía del propio agujero negro. ¿Qué quería decir la entropía de un agujero negro? La propuesta decisiva la hizo en 1972 Jacob Bekenstein, un estudiante de doctorado de la Universidad de Princeton que luego trabajaría en la Universidad Hebrea de Jerusalén. Consiste en lo siguiente. Cuando se crea un agujero negro por colapso gravitatorio, en seguida se asienta en un estado estacionario, que se caracteriza por solo tres parámetros: masa, momento angular (estado de rotación) y carga eléctrica. Aparte de estas tres propiedades, el agujero negro no preserva ningún otro detalle del objeto que se ha colapsado.

Este teorema tiene implicaciones para la información, en su sentido cosmológico: la idea de que toda partícula y toda fuerza del universo contiene una respuesta implícita a una pregunta de sí o no.

DS: Información, en este contexto, significa todos los detalles de cada partícula y cada fuerza asociadas con un objeto. Cuanto más desordenado es algo —cuanto mayor es su entropía—, más información se necesita para describirlo. Como dice el físico y periodista Jim Al-Khalili, un mazo de cartas bien barajado tiene más entropía que uno sin barajar, y por tanto describirlo requiere mucha más explicación, o información.

EVENT HORIZON

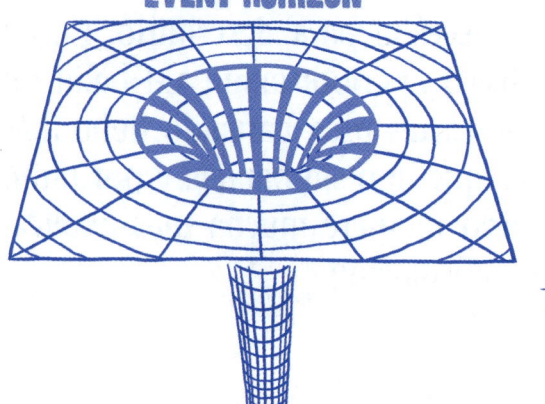

MASS

ANGULAR
MOMENTUM

ELECTRIC
CHARGE

El teorema de Bekenstein implica que se pierde una gran cantidad de información en un colapso gravitatorio. Por ejemplo, el estado final del agujero negro es independiente de si el cuerpo que ha colapsado estaba compuesto de materia o de antimateria, o de si era esférico o tenía una forma muy irregular. En otras palabras, un agujero negro de cierta masa, momento angular y carga eléctrica se podría haber formado por el colapso de cualquiera de las muchas configuraciones distintas de materia, lo que incluye a cualquiera de los muchos tipos distintos de estrellas. De hecho, si dejamos de lado los efectos cuánticos, el número de posibles configuraciones sería infinito, puesto que el agujero negro se podría haber formado por el colapso de una nube que contuviera un número indefinidamente grande de partículas, o tuviera una masa indefinidamente pequeña. Pero ¿podría el número de configuraciones ser realmente infinito? Aquí es donde los efectos cuánticos entran en escena.

El principio de incertidumbre de la mecánica cuántica implica que solo las partículas con una longitud de onda menor que la del propio agujero negro pueden formar un agujero negro. Esto significa que el intervalo de posibles longitudes de onda está limitado: no puede ser infinito. ——————————

DS: El principio de incertidumbre, concebido por el célebre físico alemán Werner Heisenberg en los años veinte, afirma que nunca podemos localizar ni predecir la posición exacta de las partículas más pequeñas. Así que, en la llamada escala cuántica, hay un carácter borroso en la naturaleza, muy distinto del universo ordenado con precisión que describió Isaac Newton.

Parece entonces que el número de configuraciones que podrían formar un agujero negro de cierta masa, momento angular y carga eléctrica, aunque muy grande, es finito. Jacob Bekenstein propuso que, a partir de este número finito, se puede deducir la entropía de un agujero negro. Eso sería una medida de la cantidad de información que se ha perdido de manera irreparable durante el colapso que creó el agujero negro.

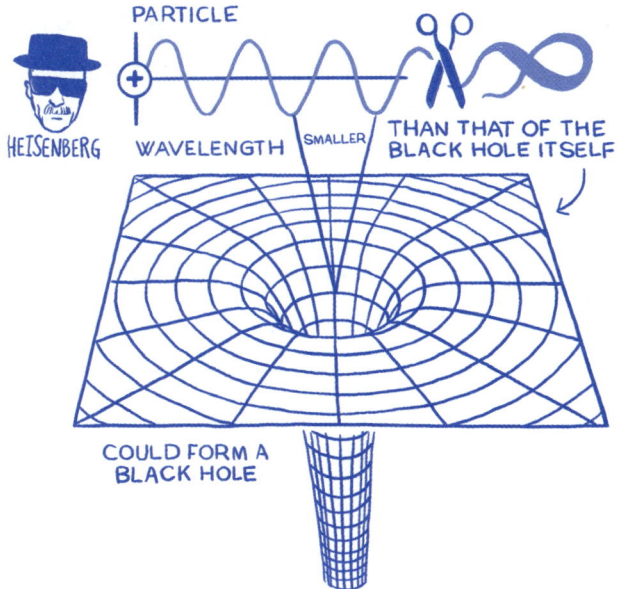

UNCERTAINTY PRINCIPLE

PARTICLE

HEISENBERG

WAVELENGTH   SMALLER

THAN THAT OF THE
BLACK HOLE ITSELF

COULD FORM A
BLACK HOLE

El fallo en apariencia fatal de la propuesta de Bekenstein era que, si un agujero negro tiene una entropía finita que es proporcional al área de su horizonte de sucesos, debería tener también una temperatura finita, que sería proporcional a la gravedad en su superficie. Esto implicaría que un agujero negro puede estar en equilibrio respecto a la radiación térmica, a alguna temperatura distinta de cero. Pero ese equilibrio es imposible según los conceptos clásicos, puesto que el agujero negro absorbería cualquier radiación térmica que cayera en él, mientras que, por definición, no podría emitir nada a cambio. No puede emitir nada. No puede emitir calor. ———————————————————

DS: Si la información se pierde, como parece que ocurre en un agujero negro, tendría que liberarse algo de energía, pero eso entra en conflicto con la teoría de que nada sale de un agujero negro.

Esto es una paradoja. Y volveré a ella en mi próxima conferencia, cuando exploremos de qué forma los agujeros negros desafían el principio más básico sobre la predictibilidad del universo y la certeza de la historia, y nos preguntemos qué ocurriría si nos tragara uno. ⸻

DS: Stephen Hawking nos ha guiado en un viaje científico desde la afirmación de Einstein de que las estrellas no pueden colapsarse, a través de la aceptación de que los agujeros negros son reales, hasta una colisión de teorías sobre la naturaleza y la función de estos objetos extraños.

2.
Los agujeros negros no son tan negros como los pintan

Conferencia emitida
el 2 de febrero de 2016

En mi conferencia previa les dejé en vilo con una paradoja sobre la naturaleza de los agujeros negros, los objetos increíblemente densos creados por el colapso de las estrellas. Una teoría proponía que unos agujeros negros con cualidades idénticas podrían formarse a partir de una variedad infinita de tipos distintos de estrellas. Otra indicaba que el número de tipos posibles podía ser finito. Esto es un problema de información, es decir, la idea de que toda partícula y toda fuerza del universo contiene una respuesta implícita a una pregunta de tipo sí o no.

Puesto que «los agujeros negros no tienen pelo», como lo expresó John Wheeler, no se puede decir desde fuera lo que hay dentro de ellos, aparte de su masa, su estado de rotación y su carga eléctrica. Esto significa que un agujero negro contiene mucha información que se oculta al mundo exterior. Si la cantidad de información escondida en su interior depende del tamaño del agujero, cabría esperar, a partir de principios generales, que este tuviera una temperatura y que brillara como un trozo de metal al rojo vivo. Pero eso era imposible, porque, como sabía todo el mundo, nada podía salir de un agujero negro. O eso se pensaba.

Esta paradoja persistió hasta principios de 1974, cuando yo estaba investigando cuál sería el comportamiento de la materia en la vecindad de un agujero negro, según la mecánica cuántica. ─────────────

DS: La mecánica cuántica es la ciencia de lo extremadamente pequeño, y persigue explicar el comportamiento de las partículas más minúsculas. Estas partículas no obedecen las leyes que gobiernan el movimiento de objetos mucho mayores como los planetas, formuladas por Isaac Newton. Utilizar la ciencia de lo muy pequeño para estudiar lo muy grande ha sido uno de los logros pioneros de Stephen Hawking.

Para mi enorme sorpresa, descubrí que el agujero negro parecía emitir partículas de forma continua. Como todo el mundo en aquella época, yo aceptaba el dictamen de que un agujero negro no podía emitir nada. Así que hice un gran esfuerzo para intentar deshacerme de ese efecto embarazoso. Pero, cuanto más pensaba en ello, más se resistía a desaparecer. Lo que al final me convenció de que aquello era un proceso físico real fue que las longitudes de onda de las partículas emitidas eran exactamente térmicas. Mis cálculos predecían que un agujero negro crea y emite partículas y radiación exactamente como si fuera un cuerpo caliente ordinario, con una temperatura que es proporcional a la gravedad en su superficie e inversamente proporcional a su masa.

DS: Estos cálculos fueron los primeros en mostrar que un agujero negro no tiene por qué ser un callejón sin salida. Tal vez no resulte sorprendente que las emisiones propuestas por esa teoría se llamen ahora Radiación de Hawking.

Los agujeros negros no son tan negros como los pintan

Desde entonces, las evidencias matemáticas de que los agujeros negros emiten radiación térmica se han confirmado por varios científicos que han adoptado diversos enfoques. Una forma de entender estas emisiones es la siguiente. La mecánica cuántica implica que todo el espacio está lleno de pares de partículas y antipartículas virtuales, que están continuamente materializándose como pares, separándose, y luego juntándose de nuevo y aniquilándose entre sí.

DS: Este concepto gira sobre la idea de que el vacío nunca está vacío del todo. Según el principio de incertidumbre de la mecánica cuántica, siempre existe la posibilidad de que se creen partículas, por más que su existencia sea muy breve. Y esto siempre implica pares de partículas con características opuestas, que aparecen y desaparecen.

Estas partículas se llaman «virtuales» porque, a diferencia de las partículas reales, no pueden observarse directamente con un detector de partículas. Sus efectos indirectos, sin embargo, sí pueden medirse, y su existencia se ha confirmado por un pequeño desplazamiento, llamado efecto Lamb, que producen en el nivel de energía del espectro luminoso emitido por los átomos de hidrógeno excitados. Hasta ahí bien. Pero, en presencia de un agujero negro, un miembro del par virtual puede caer en el agujero, lo que deja al otro miembro sin la pareja necesaria para la aniquilación mutua. La partícula (o antipartícula) abandonada puede caer también al agujero negro después que su pareja, pero también puede escapar al infinito, donde parecerá ser radiación emitida por el agujero negro.

DS: La clave aquí es que la formación y desaparición de estas partículas pasan normalmente inadvertidas. Pero, si el proceso ocurre justo en el borde de un agujero negro, un miembro del par puede ser arrastrado al interior mientras que el otro no. La partícula que escapa parecería entonces como si hubiera sido «escupida» por el agujero negro.

Los agujeros negros no son tan negros como los pintan

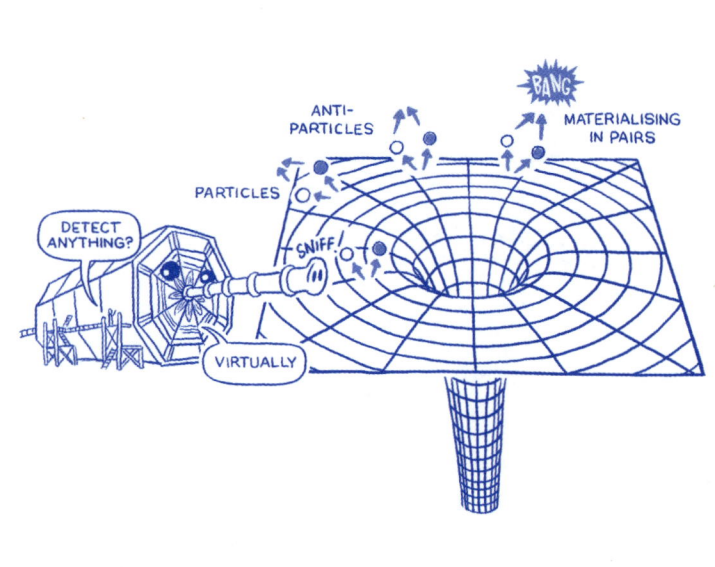

Un agujero negro con la masa del Sol dejaría escapar partículas tan despacio que el proceso sería imposible de detectar. Puede haber, sin embargo, mini-agujeros negros mucho más pequeños, con la masa de, por ejemplo, una montaña. Un agujero negro con esa masa emitiría rayos X y rayos gamma a una tasa de unos diez millones de megavatios, lo suficiente para satisfacer la demanda de energía eléctrica del planeta entero. No sería fácil, sin embargo, utilizar un mini-agujero negro. No podrías mantenerlo en una factoría energética, porque perforaría el suelo y acabaría en el centro de la Tierra. Si dispusiéramos de un agujero negro de ese tipo, la única forma de sujetarlo sería ponerlo en órbita alrededor de la Tierra.

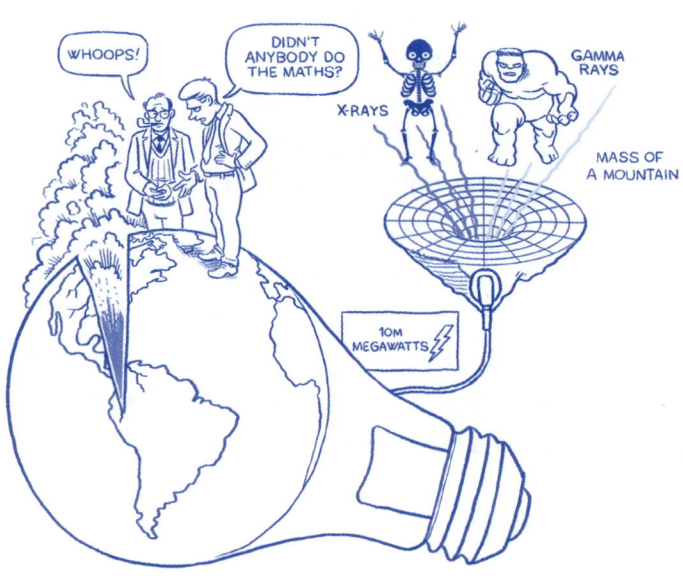

La gente ha buscado mini-agujeros negros de esta masa, pero hasta ahora no han encontrado ninguno. Es una pena porque, si hubieran hallado uno, ¡yo habría ganado el premio Nobel! Otra posibilidad, de todos modos, es que seamos capaces de crear micro-agujeros negros en las dimensiones extra del espacio-tiempo.

DS: El término «dimensiones extra» se refiere a algo que está más allá de las tres dimensiones con las que todos estamos familiarizados en nuestra vida cotidiana, junto a la cuarta dimensión del tiempo. La idea surgió como parte de un esfuerzo para explicar por qué la gravedad es mucho más débil que otras fuerzas como el electromagnetismo: puede que la gravedad tenga que funcionar también en dimensiones paralelas.

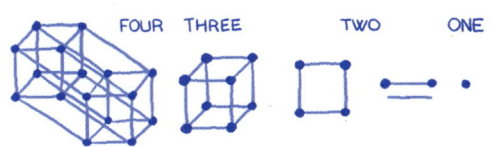

FOUR   THREE   TWO   ONE

TEN OR ELEVEN DIMENSIONS

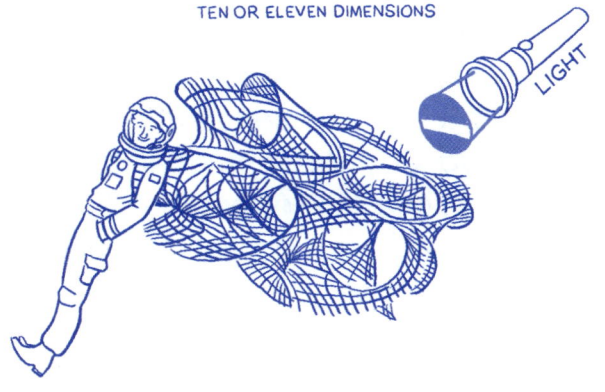

LIGHT

Según algunas teorías, el universo que experimentamos no es más que una superficie tetra-dimensional en un espacio de diez u once dimensiones. La película *Interstellar* da una idea del aspecto que tendría eso. No veríamos esas dimensiones extra porque la luz no se propagaría a través de ellas, sino solo a través de las cuatro dimensiones de nuestro universo. La gravedad, sin embargo, afectaría a las dimensiones extra y sería mucho más fuerte allí que en nuestro universo. Esto simplificaría mucho la posibilidad de que se formara un pequeño agujero negro en las dimensiones extra. Tal vez sea posible observar esto en el Gran Colisionador de Hadrones (GCH), del CERN, en Suiza. Consiste en un túnel circular con un perímetro de 27 kilómetros. Dos haces de partículas viajan por el túnel en sentidos opuestos, y se les hace colisionar. Algunas de estas colisiones podrían crear micro-agujeros negros. Estos objetos irradiarían partículas con un patrón que sería fácil de reconocer. ¡Así que podrían darme el premio Nobel después de todo!

DS: El premio Nobel de física se concede cuando una teoría supera la «prueba del tiempo», lo que en la práctica implica confirmarla con evidencias sólidas. Por ejemplo, Peter Higgs fue uno de los científicos que, allá por los años sesenta, propuso la existencia de una partícula que dotaría de masa a las demás. Casi cincuenta años después, dos detectores distintos del Gran Colisionador de Hadrones captaron signos de lo que se había llegado a conocer como el Bosón de Higgs. Fue un triunfo de la ciencia y la ingeniería, de una teoría brillante y una evidencia lograda con mucho esfuerzo; como resultado, Peter Higgs y François Englert, un científico belga, recibieron el galardón conjuntamente. Hasta ahora no se ha encontrado ninguna prueba física de la Radiación de Hawking, y algunos científicos piensan que va a ser demasiado difícil detectarla. Pese a todo, ahora que los agujeros negros se estudian cada vez con más detalle, la confirmación puede llegar algún día.

A medida que las partículas escapan de un agujero negro, el agujero irá perdiendo masa y encogiéndose. Esto incrementará la tasa de emisión de partículas. Finalmente, el agujero perderá toda la masa y desaparecerá. ¿Qué pasará entonces con todas las partículas y todos los astronautas desgraciados que habían caído en el agujero negro? No pueden, simplemente, reemerger cuando el agujero negro desaparezca. Parece que la información sobre lo que cayó dentro se pierde, con la excepción de su cantidad total de masa, su cantidad de rotación y su carga eléctrica. Pero si la información se pierde, se nos plantea un problema muy grave que golpea el mismo corazón de nuestro entendimiento de la ciencia.

Los agujeros negros no son tan negros como los pintan

Durante más de doscientos años hemos creído en el determinismo científico, es decir, que las leyes de la ciencia determinan la evolución del universo. Este principio fue formulado por Pierre-Simon Laplace, que dijo que, si conocemos el estado del universo en un tiempo dado, las leyes de la ciencia determinarán su estado en cualquier otro tiempo futuro o pasado. Se dice que Napoleón preguntó a Laplace cómo encajaba Dios en ese esquema, y que Laplace le respondió: «Señor, no he necesitado esa hipótesis». Yo no creo que Laplace pretendiera con ello decir que Dios no existe, sino solo que no interviene para romper las leyes de la ciencia. Esa debe ser la postura de cualquier científico. Una ley científica no es una ley científica si solo se aplica cuando algún ser sobrenatural decide dejar las cosas a su aire y no intervenir.

En el determinismo de Laplace, había que conocer las posiciones y velocidades de todas las partículas al mismo tiempo, para poder predecir el futuro. Pero también debemos tener en cuenta el principio de incertidumbre, articulado por Werner Heisenberg en 1923, que yace en el corazón de la mecánica cuántica.

Este principio sostiene que, cuanto más exactamente conozcas la posición de las partículas, menos puedes conocer sus velocidades con exactitud, y viceversa. En otras palabras, no puedes saber con precisión tanto la posición como la velocidad. ¿Cómo, entonces, puedes predecir el futuro con precisión? La respuesta es que, aunque no se puedan predecir las posiciones y las velocidades por separado, sí se puede predecir el llamado «estado cuántico». A partir de esto se pueden calcular tanto las posiciones como las velocidades con cierto grado de precisión. Todavía esperaríamos que el universo fuera determinista, en el sentido de que, si supiéramos el estado cuántico del universo en un tiempo dado, las leyes de la ciencia nos deberían permitir predecirlo a cualquier otro tiempo.

DS: Lo que empezó como una explicación de lo que pasa en un horizonte de sucesos se ha profundizado como una exploración de algunos de los temas filosóficos más importantes de la ciencia —desde el mundo visto como un mecanismo de relojería de Isaac Newton, a las leyes de Laplace y de ahí a las incertidumbres de Heisenberg—

y de los puntos en que surgen desafíos a estos principios por los misterios de los agujeros negros. En esencia, mientras que según la Teoría de la Relatividad General de Einstein la información que entra en un agujero negro se destruye, la teoría cuántica dice que no puede descomponerse.

Si la información se perdiera en los agujeros negros, no podríamos predecir el futuro, porque un agujero negro podría emitir cualquier colección de partículas. Podría emitir un televisor que funcionara, o un volumen encuadernado en cuero de las obras completas de Shakespeare, aunque la probabilidad de esas emisiones exóticas es muy pequeña. Puede parecer poco importante que no podamos predecir lo que sale de los agujeros negros. No hay agujeros negros cerca de nosotros. Pero es una cuestión de principios. Si el determinismo, la predictibilidad del universo, se malogra con los agujeros negros, se podría malograr también en otras situaciones. Peor aún, si el determinismo se malogra, tampoco podemos estar seguros de nuestra historia pasada. Los libros de historia y nuestros recuerdos podrían no ser más que ilusiones. Es el pasado el que nos dice quiénes somos; sin él, perdemos nuestra identidad.

Era por tanto muy importante determinar si la información realmente se pierde en los agujeros negros o si, en principio, podría recobrarse. Muchos científicos tenían la sensación de que la información no debía perderse, pero ninguno pudo proponer un mecanismo por el que pudiera preservarse. La discusión siguió durante años. Al final, yo encontré lo que creo que es la respuesta. Se apoya en la idea de Richard Feynman de que, en vez de una sola historia, hay muchas historias posibles, cada una con su propia probabilidad. En una, hay un agujero negro en el que las partículas pueden caer; en la otra, no hay agujero negro.

La clave es que, desde fuera, no se puede estar seguro de si hay un agujero negro o no. De manera que siempre existe la posibilidad de que no haya ninguno. Esta posibilidad basta para preservar la información, pero esta información no se recupera de una forma muy útil. Es como quemar una enciclopedia. La información no se pierde si guardas todo el humo y las cenizas, pero es difícil de leer. El científico Kip Thorne y yo apostamos con otro físico, John Preskill, a que la información se perdería en los agujeros negros. Cuando descubrí de qué forma podía preservarse la información, admití que había perdido la apuesta. Le regalé una enciclopedia a John Preskill. Tal vez le debí regalar solo las cenizas.

DS: En teoría, y con una visión puramente determinista del universo, se podría quemar una enciclopedia y luego reconstruirla... si supiéramos las características y posiciones de todos los átomos que forman cada molécula de tinta y papel y mantuviéramos un registro de todos ellos en todo momento.

Los agujeros negros no son tan negros como los pintan

Ahora trabajo con mi colega de Cambridge Malcolm Perry y con Andrew Strominger, de Harvard, en una nueva teoría que se basa en una idea matemática llamada «de supertraslaciones», con el objetivo de explicar el mecanismo por el que la información se recupera de un agujero negro. Según nuestra teoría, la información se codifica en el horizonte del agujero negro. ¡Atentos a ese espacio!

DS: Desde que se grabaron las conferencias Reith, el profesor Hawking y sus colegas han publicado un artículo técnico que presenta un argumento matemático a favor de que la información pueda almacenarse en el horizonte de sucesos. La teoría se basa en que la información se transforma en un holograma bidimensional, por un proceso conocido como supertraslación. El artículo, titulado «Pelo suave en los agujeros negros», ofrece un vistazo muy revelador al lenguaje esotérico de este campo —como muestra el sumario que se reproduce al final de esta conferencia— y al desafío al que se enfrentan los científicos al tratar de explicarlo.

Los agujeros negros no son tan negros como los pintan

¿Qué nos dice esto acerca de si es posible caer en un agujero negro y salir a otro universo? La existencia de historias alternativas con y sin agujeros negros indica que eso es posible. El agujero tendría que ser grande y, si estuviera rotando, podría tener un pasaje a otro universo. Pero no podrías regresar a nuestro universo. Así que, aunque soy un entusiasta de los vuelos espaciales, no voy a intentar eso.

DS: Si un agujero negro está rotando, puede que su núcleo no consista en una singularidad, en el sentido de un punto infinitamente denso. En su lugar, puede haber una singularidad en forma de anillo. Y eso nos lleva a especular con la posibilidad no solo de caer en un agujero negro, sino también de viajar a través de uno. Esto implicaría abandonar el universo tal y como lo conocemos. Y Stephen Hawking concluye con un pensamiento tentador: que puede haber algo al otro lado.

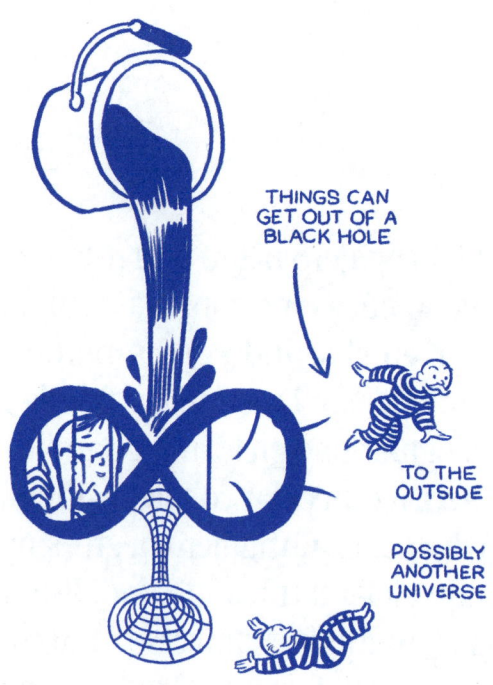

THINGS CAN
GET OUT OF A
BLACK HOLE

TO THE
OUTSIDE

POSSIBLY
ANOTHER
UNIVERSE

Mi mensaje, entonces, es que los agujeros negros no son tan negros como los pintan. No son las prisiones eternas que habíamos imaginado. Las cosas pueden salir de un agujero negro, tanto en este universo como, posiblemente, en otro distinto. De modo que, si crees que estás en un agujero negro, no desesperes: ¡hay una salida!

PELO SUAVE EN LOS AGUJEROS NEGROS

Stephen W. Hawking[1], Malcolm Perry[1]
y Andrew Strominger[2]

[1]Centro de Ciencias Matemáticas DAMPT,
Universidad de Cambridge

[2]Centro para las Leyes Fundamentales
de la Naturaleza, Universidad de Harvard

Sumario

Hace poco se ha mostrado que las simetrías de supertraslación BMS implican un número infinito de leyes de conservación para todas las teorías gravitatorias en los espacio-tiem-
pos asintóticamente minkowskianos. Estas leyes requieren
que los agujeros negros tengan una gran cantidad de pelo
de supertraslación suave (es decir, con energía cero). La presencia de un campo de Maxwell implica, de modo similar,
un pelo eléctrico suave. Este artículo ofrece una descripción
explícita del pelo suave en términos de gravitones o fotones
suaves en el horizonte del agujero negro, y muestra que la información completa sobre su estado cuántico se almacena
en una placa holográfica en la futura frontera del horizonte.
La conservación de la carga se utiliza para dar un número infinito de relaciones exactas entre los productos de la evapo-
ración de agujeros negros que tienen un pelo suave diferen-
te, pero son por lo demás idénticos. Se argumenta, además,
que un pelo suave que está localizado espacialmente en
mucho menos de una longitud de Planck no puede excitar-
se en un proceso realizable físicamente, dando un número
efectivo de grados suaves de libertad proporcional al área
del horizonte en unidades de Planck.

STEPHEN HAWKING está considerado como uno de los físicos teóricos más brillantes desde Einstein.

En 1963, cuando era un estudiante de doctorado de 21 años en la Universidad de Cambridge, Stephen Hawking contrajo una enfermedad de las neuronas motoras, y le dieron dos años de vida. Sin embargo, siguió adelante y se convirtió en un investigador brillante y profesor en el Gonville y Caius College de la Universidad de Cambridge, y luego ocupó el puesto de profesor lucasiano de matemáticas y física teórica —la misma silla que ocupó Isaac Newton en 1663— durante 30 años. El profesor Hawking es ahora director de investigación del Centro de Cosmología Teórica de la Universidad de Cambridge. Tiene más de una docena de títulos honoríficos y fue premiado con el Companion of Honour en 1989. Es miembro de la Royal Society de Londres y de la Academia Nacional de Ciencias de Estados Unidos.

El profesor Hawking es autor de *Una breve historia del tiempo*, que fue un superventas internacional. Sus otros éxitos de ventas para el lector general incluyen *Una brevísima historia del tiempo* (Crítica, 2005), la colección de ensayos *Agujeros negros, universos bebé y otros ensayos*, *El universo en una cáscara de nuez* (Crítica, 2002) y *El gran diseño* (Crítica, 2010). Vive en Cambridge.

DAVID SHUKMAN es el jefe de Ciencia de la BBC, y ha informado sobre cuestiones científicas y ambientales desde 2003. Ha cubierto desde la misión de la última lanzadera espacial de Estados Unidos hasta los descubrimientos del Gran Colisionador de Hadrones. Es autor de tres libros.

OTROS TÍTULOS DE STEPHEN HAWKING

Historia del tiempo

Stephen Hawking pasa revista a las grandes teorías cosmológicas desde Aristóteles hasta nuestros días. Tras explicar con gran claridad las aportaciones de Galileo y Newton, nos lleva, paso a paso, hasta la teoría de la relatividad de Einstein y hasta la otra gran teoría física del siglo xx, la mecánica cuántica. Finalmente explora las posibilidades de combinar ambas teorías en una sola teoría unificada completa que nos permita verificar inquietantes reflexiones: ¿Cuál es la naturaleza del tiempo? Al colapsarse un universo en expansión, ¿viaja el tiempo hacia atrás? ¿Puede ser el universo un continuum sin principios ni fronteras? Todo está en este libro mítico, reconocido por el mundo entero como una aportación de primer orden al pensamiento científico y a la cultura universal, en el que Hawking nos explica, con asombrosa sencillez, las leyes que desvelan la compleja danza geométrica creadora del mundo y de la vida.

El universo en una cáscara de nuez

En este libro, Hawking nos conduce hasta la frontera misma de la física teórica —donde la verdad supera muchas veces a la ficción— para explicarnos en términos verdaderamente sencillos, y en ocasiones muy divertidos, los principios que rigen nuestro universo. Con su peculiar entusiasmo, el profesor Hawking nos incita a acompañarle en un colosal viaje por el espacio-tiempo, hacia un increíble país de las maravillas en el que partículas, membranas y cuerdas danzan en once dimensiones, donde los agujeros negros se evaporan y desaparecen llevándose consigo su secreto, y donde habita la pequeña nuez –la semilla cósmica originaria– de la que surgió nuestro universo. *El universo en una cáscara de nuez* es imprescindible para cuantos deseamos comprender el universo en que vivimos. Como ya sucedió con *Historia del tiempo*, en este libro Hawking nos ilumina y nos conmueve porque a través de su lectura experimentamos también nosotros la misma emoción que embarga a la comunidad científica a medida que va arrancando al cosmos sus secretos.

Brevísima historia del tiempo

En 1998 apareció un libro que iba a cambiar de arriba abajo nuestra concepción del universo y que se convirtió en uno de los mayores *best sellers* científicos: *Historia del tiempo*, de Stephen Hawking, el mayor genio del siglo xx después de Einstein.

Pese a su éxito colosal, aquel libro presentaba algunas dificultades de comprensión para el público menos familiarizado con los principios de la física teórica. Diecisiete años después, el profesor Hawking escribió este libro maravilloso y sencillo que, potenciado por imágenes, pone al alcance del común de los mortales los grandes misterios del mundo y de la vida.

A hombros de gigantes

Las grandes obras de la Física y la Astronomía

Este libro es una pieza única por su contenido y por quien lo ha compilado. En efecto, el gran científico Stephen Hawking ha reunido en él, por primera vez en la historia de la edición, las cinco obras que a su juicio representan el canon de la cultura universal en el campo de la Física y la Astronomía y ha escrito una introducción a cada una, explicando lo que han significado para la ciencia, vinculándolas entre sí y ofreciéndonos cinco soberbios retratos de los genios que las escribieron:

* Nicolas Copérnico, *Sobre las revoluciones de los orbes celestes.*
* Galileo Galilei, *Diálogo sobre dos nuevas ciencias.*
* Johannes Kepler, *Las armonías del mundo.*
* Isaac Newton, *Principios matemáticos de la filosofía natural.*
* Albert Einstein, *El principio de la relatividad.*

En su conjunto, estas obras, escritas por los mayores pensadores de la historia de la Humanidad, constituyen un tesoro de conocimientos científicos que nadie puede ignorar. Son las piedras miliares de la ciencia moderna que nos enseñan cómo cada uno de los grandes hombres que las escribieron construyó sus teorías a partir de las contribuciones geniales de sus predecesores, en una cadena de gigantes de la inteligencia que llega hasta nuestros días con el propio Stephen Hawking.

Dios creó los números
Los descubrimientos matemáticos que cambiaron la historia

En la línea de *A hombros de gigantes*, dedicada a las grandes obras de la Física y la Astronomía, el gran científico Stephen Hawking nos presenta en este libro los 31 logros fundamentales del pensamiento matemático, desde la geometría básica hasta la teoría de los números transfinitos. El profesor Hawking ha analizado 2.500 años de historia de las matemáticas para ofrecernos:

Una biografía de los 17 mayores genios matemáticos.
Una introducción al significado de sus investigaciones.
La solución a los distintos problemas que se plantearon.

La gran ilusión

Nadie que se tenga por culto puede ignorar las aportaciones científicas de Albert Einstein y Stephen Hawking, dos redentores del género humano.

El profesor Hawking ha tomado en sus manos la comprometida tarea de seleccionar y presentar, con su propia opinión científica e intelectual, aquellos textos específicos que llevaron a Einstein a ocupar un lugar de honor en la historia de la humanidad. Desde el texto en el que se revelaba la Teoría de la relatividad hasta los escritos políticos y religiosos de Einstein, pasando por sus aportaciones a la física cuántica o a la mecánica estadística, *La gran ilusión* nos ofrece todo lo que hay que saber sobre el mayor científico del siglo xx y, quizá, de todos los tiempos.

El gran diseño
Junto con Leonard Mlodinow

Aun antes de aparecer, este libro ha venido precedido, en todos los medios de comunicación, de una extraordinaria polémica sobre sus conclusiones: que tanto nuestro universo como los otros muchos universos posibles surgieron de la nada, porque su creación no requiere de la intervención de ningún Dios o ser sobrenatural, sino que todos los universos proceden naturalmente de las leyes físicas.

En efecto, este libro de Stephen Hawking y Leonard Mlodinow sobre los descubrimientos y los progresos técnicos más recientes nos presenta una nueva imagen del universo, y de nuestro lugar en él, muy distinta de la tradicional e, incluso, de la imagen que el propio Hawking nos había proporcionado, hace ya más de veinte años, en su gran libro *Historia del tiempo*. En él, el gran físico nos explicaba de dónde procedía el universo y hacia dónde se encaminaba, pero aun no podía dar respuesta a importantes preguntas: ¿por qué existe el universo?, ¿por qué hay algo en lugar de nada?, ¿por qué existimos nosotros?, ¿necesita el universo un creador? En los últimos años, el desarrollo de la teoría (en realidad toda una familia de teorías enlazadas sobre física cuántica) y las recientes observaciones realizadas por los satélites de la NASA, nos permiten ya enfrentarnos a la pregunta fundamental: la Cuestión Última de la Vida, el Universo y el Todo. Si esta teoría última es verificada por la observación científica, habremos culminado una búsqueda que se remonta a hace más de tres mil años: habremos hallado el Gran Diseño.

Los sueños de los que está hecha la materia

Aunque muchos lo ignoren, una parte sustancial de los pilares que sustentan la civilización actual se nutre de la física cuántica que, junto a la relatividad, es una de las dos grandes revoluciones científicas que cambiaron nuestra comprensión del mundo durante la primera mitad del siglo xx. Es el cuántico un mundo regido por leyes que parecen violar las leyes del sentido común, como expresó con una ironía no exenta de angustia Albert Einstein cuando, ante el carácter probabilístico de la nueva física cuántica, manifestó en 1926: «Estoy convencido de que Dios no juega a los dados». Sin embargo, en esta ocasión el genial físico se equivocó: en sus niveles más íntimos, el mundo sigue pautas de comportamiento probabilístico. Y no sólo eso, existen otras propiedades que violan completamente las leyes que Newton estableció en 1687 y que gobernaron la física durante más de dos siglos: así, tenemos que se crean y aniquilan partículas y que no podemos conocer con absoluta precisión, al mismo tiempo, parejas de variables como la posición y la velocidad de una partícula. Dirigida e introducida por Stephen Hawking, el científico más célebre de nuestros días, *Los sueños de los que está hecha la materia* reúne las obras esenciales de la física cuántica; textos que provocaron un cambio de paradigma que revolucionó la física para siempre, cambiando nuestra comprensión del universo a un nivel totalmente nuevo. Reunidos en esta antología están los trabajos de la élite cuántica, entre otros: Max Planck, Niels Bohr, Werner Heisenberg, Max Born, Erwin Schrödinger, Paul Dirac, J. Robert Oppenheimer y Richard Feynman.

Breve historia de mi vida

La mente maravillosa de Stephen Hawking ha deslumbrado al mundo entero revelando los misterios del universo. Ahora, por primera vez, el cosmólogo más brillante de nuestra era explora, con una mirada reveladora, su propia vida y evolución intelectual.

Breve historia de mi vida cuenta el sorprendente viaje de Stephen Hawking desde su niñez en el Londres de la posguerra a sus años de fama internacional. Espléndidamente ilustrada con fotografías poco conocidas, esta autobiografía concisa, ingeniosa y sincera presenta un Hawking raramente vislumbrado en sus libros anteriores: el alumno inquisitivo cuyos compañeros de clase apodaron «Einstein»; el bromista que una vez hizo una apuesta con un colega sobre los agujeros negros; o el joven padre de familia que se esforzó por hacerse un sitio en el mundo académico.

Escrito con su humildad y humor característicos, Hawking se sincera sobre los desafíos a los que se enfrentó tras ser diagnosticado, con 21 años, de esclerosis lateral amiotrófica. Traza su desarrollo como pensador, explica cómo la perspectiva de una muerte temprana lo empujó hacia numerosos desafíos intelectuales, y habla sobre la génesis de su obra maestra, *Historia del tiempo*, sin duda una de las obras más importantes del siglo xx.

Clarividente, íntimo y sabio, *Breve historia de mi vida* nos abre una ventana al cosmos personal de Hawking.